隨著戰爭型態的改變，軍事武器有著突飛猛進的發展。

軍艦的發展，從古代靠著風帆作為動力的戰艦，到近代

以蒸汽引擎作為動力的船艦，一直到最新的核子動力戰

艦，各自訴說著不同時代的發展軌跡。

原本作為海上霸權象徵的主力艦，在第二次世界大戰期

間，出現了縱橫海洋的航空母艦，更改變了各國海軍的

軍艦配置與發展。

本書系就是以介紹各式軍事武器為主的漫畫，內容包含

戰爭史、交戰紀實、武器性能，以及應用科普原理等記

錄。是一本用輕鬆漫畫訴說軍事科普的小百科，對於軍

事武器感興趣的人，是一本難能可貴的科普漫畫。希望

透過漫畫中的精采內容，讓讀者認識主宰世界變局的各

式軍武。

本書系的第一本《航空母艦》講的是空中與水面上的軍力，這是現代海軍立體作戰的一面，回到《超級戰艦》一書，探討的是水面上的軍事武力。其實，對於現代海軍來說，打擊與布署不僅有水面、空中，更深入到水面下的世界。

我們將書系中的水面軍力定位為「水面軍力三部曲」，除了《航空母艦》、《超級戰艦》，更無法或缺的，就是深藏不露的潛艇。換句話說，本書系目前正積極規畫第三部曲，以完整呈現現代海軍的三度空間立體戰力。敬請期待神出鬼沒的潛艇戰力，積極打造現代海軍的壯大軍容。

人物介紹

猴子

黑傑克

老師

阿輝

小豬

目錄

沒錯，當時對現代影響最大的就是火車跟蒸汽船。

猴子，你知道早期的船以什麼為動力嗎？

不是用汽油嗎？

不！汽油引擎是之後才發明的，這時的船都靠風力當作動力。

依靠風力？那時的船不就跑得很慢嗎？

沒錯，當時人類移動的範圍、時間，都會因季節和地方的風影響。

那那個時候⋯⋯大家要怎麼打仗？船不就被風吹來吹去嗎？

靠著風力移動的船艦叫風力帆船，在還沒發明蒸汽機的1000多年前，人類就利用風力帆船行動，也成功摸索出如何使用船艦戰鬥。

當時，是怎麼戰鬥呢？

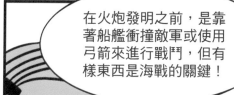

在火炮發明之前，是靠著船艦衝撞敵軍或使用弓箭來進行戰鬥，但有樣東西是海戰的關鍵！

在以金屬材質打造的船被發明之前，這是海戰的關鍵，大家知道是什麼嗎？

老師，是火嗎？

對！就是火，在使用金屬當材料以前，船艦都使用木頭打造，然而木頭最大的缺點就是容易起火。

可是木頭很堅固，而且在煉鋼技術發展之前，木頭的尺寸是大自然中最適合建造船隻的材料。

所以直到二次大戰以後，木頭這種材料才慢慢被淘汰掉。

劉孫聯軍靠著火燒船撞擊敵艦，就把曹操軍的船艦全給燒光了。

西方世界有過類似的海戰嗎？

嗯！有，而且還讓一個帝國維持將近千年之久。

千年之久！

怎麼能夠持續這麼久，不被敵人打敗呢？

因為他們使用一種稱為「希臘火」的特別科技武器。

希臘火？那是什麼東西？

那是拜占庭帝國的祕密武器，正確配方隨著拜占庭帝國滅亡也跟著失傳，但他的科學原理卻被流傳下來。

希臘火是一種以石油為基底的武器，它的特性是遇到水時火勢會變得更大，使起火的船艦無法撲滅。

哇！好厲害。

之後的數百年間，人類逐漸掌握風力的使用方法，開始建造越來越大的船艦，同時在這些使用風帆的船艦上配備火炮。

註：中國在11世紀發明了火藥，到了14世紀的歐洲開始出現使用火藥的大炮。這些大炮靠著火藥和炮彈的組合製作出極具破壞力的武器，不只是陸地上的城堡，就連海上的船艦也變得更容易被摧毀。

你們知道這些風力帆船，其實是現代戰艦的前身嗎？

咦？他們長得完全不同！

人類將火炮裝上了船艦以後，海戰的形式幾乎就固定下來了。

那時因船艦的甲板上有風帆，火炮大多安置在兩側並排在一起，

而且還有幾層的甲板，往往一艘船上裝有近百門的火炮。

那時的海戰都怎麼打的？放在側邊的火炮跟船前進的方向不是不同嗎？

古代的風力帆船海戰，都得掌握一個大原則，就是讓敵艦進入自己其中一側的火炮範圍。

假如讓敵艦進入自己一側的火炮範圍內，就有很大的獲勝機會了。

所以海戰時，只會用到其中一側的火炮嗎？

沒錯，雖然船艦兩邊都會擺上數量相同的火炮，但實際戰鬥中通常只用到其中一側，船上配置的船員人數也只夠操作單側的火炮。

如果兩邊都有敵艦時，又該怎麼辦呢？會各自用側面朝著敵艦射擊嗎？

在兩側有很多船的情況下，最理想的是擺出「一」字型的陣式，一艘接著一艘排成長條狀，讓自己陣式的側面對著敵人，

用己方所有船艦的火炮攻擊敵艦，這是最有效率也是最理想的陣式，但可沒想像中容易！你知道原因嗎？

受到風力影響，很難控制船艦嗎？

這是原因之一，同時船艦間的溝通也變得困難，在當時只能靠小艇傳遞命令，或是用旗子來跟其他船艦溝通，但這些方式都缺乏效率也很難有效的在戰場上執行。

老師，用旗子要怎麼溝通呢？

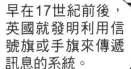

早在17世紀前後，英國就發明利用信號旗或手旗來傳遞訊息的系統。

這套系統直到今天仍被廣泛使用，這裡就是一些基本的信號旗。

手旗代表的英文字母及數字，

透過各國不同的組合，而有不同的意義。

就算到了廣泛使用高科技通訊的現代，各國的海軍仍會利用各種信號旗或手旗進行溝通。

這是為了確保通訊被阻斷或船艦失去電力時，還能有效跟其他船艦溝通。

有誰知道16、17世紀年間，哪國的海軍是世界上最強的？

我猜是某個歐洲國家吧？

沒錯，法國、荷蘭、西班牙和英國一直都擁有強大的海上戰力，

其中西班牙在1588年成立的無敵艦隊，更展現出海上霸權的極限。

後來又是誰成為海上霸權呢？

你們聽過「日不落國」這個稱號嗎？其實世界上第一個日不落國是西班牙。

「日不落國」是指說一個國家擁有的領土橫跨世界，

也因此不論何時，太陽都能照射到她的領地和國旗。

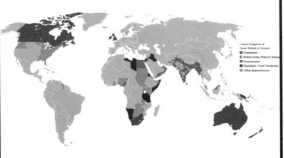

西班牙後來被英國取代了嗎？

沒錯，而且英國所占的領土比西班牙大很多，在一次大戰結束後達到尖峰，

約占領了世界將近四分之一的領土，全球24個時區都有英國的領地，然而英國海軍就是主要的關鍵。

在打敗西班牙無敵艦隊之後，英國海軍成為世界的海上霸權，但這中間也遇到了許多挑戰，

像是1805年的特拉法加海戰，這場海戰不但確保了英國的海上霸權，

更讓英國成為海上霸主，而且讓英國海軍的霸主地位一直維持到一次大戰結束。

究竟1805年發生了什麼事呢？

1805年是拿破崙戰爭的關鍵時刻，當時，拿破崙麾下的軍隊幾乎橫掃歐洲大陸。

原本隔著英吉利海峽的英國，也成為拿破崙的下一個目標，但擋在法國前面的就是英國海軍……

法國海軍聯合西班牙海軍對抗英國海軍，而英軍在這場戰役中靠著27艘戰艦對抗法西聯軍的33艘戰艦，看似懸殊的海戰最後卻由英軍獲得壓倒性的勝利。

西班牙海軍擁有當時世界最大的戰艦三叉戟號，這是艘擁有四層甲板的超大型戰艦。

三叉戟號

值得一提的是，西班牙的三叉戟號擁有140門火炮，然而當時英國海軍接受過較多的訓練跟實戰經驗。

在兩軍開戰以前，法國艦隊一直被英國海軍封鎖在法國沿岸，而且英軍將領的統御能力和戰術都勝於法西聯軍。

在1805年10月21號，兩軍在西班牙的特拉法加角附近展開了海戰……

這場打了五個小時的戰役，英軍憑藉著勇氣跟戰術上的優勢打贏了法西聯合艦隊。

但英國也在戰役中折損了該戰役的指揮官納爾遜中將，他在戰事中被法軍的子彈擊中身亡。

然而，他也帶給英國一場海軍史上最偉大的勝利。

就在這場戰役之後，英國海軍奠定了海上霸主的地位，更影響了之後的世界歷史。

轟!!!

碰!!!

美國海軍憲法號

卻在三場不同區域的海戰裡，打贏四艘英國海軍的船艦，神奇的是，本身並未遭受嚴重損傷。

哇！
這麼厲害。

目前這艘船仍由美國海軍管理，算是一艘博物館艦，如果來到波士頓的自由之路，就可以看到停在港口的憲法號。

所以她現在是被當作什麼來用呢？

勝利號戰艦

另一艘保存至今的風帆戰艦，就是特拉法加海戰時納爾遜的旗艦勝利號，她在1758年開始建造，並從1765年開始服役。

直到現在，一直都是英國皇家海軍第一海務大臣旗艦，這艘船的歷史比美國歷史還悠久。

可算是世上現存最古老的戰艦，想一睹她的風采，可以去英國的普利茅斯港。

美國的憲法號、英國的勝利號以及日本的三笠號三艘船艦，被稱為世界三大紀念艦。

三笠號戰艦

她們分別在三個國家擁有著重要的歷史地位

在1807年，羅伯特富爾頓發明了第一艘以蒸氣機驅動的輪船，讓人類的海上冒險正式邁入燃料動力時代。

人類在海上的移動不再受到風向與季節的限制，同時因為工業革命的關係，軍艦也得以裝載更大口徑、更精準的火炮。

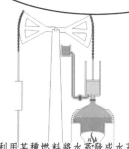

圖註：蒸汽機是利用某種燃料將水蒸發成水蒸氣，再由水蒸氣裝置產生動力的機械，這也是現代工業機器的濫觴。

蒸汽引擎出現之後的船，變成什麼樣子呢？

蒸汽引擎的發明造就出蒸汽引擎戰艦，例如法國海軍的拿破崙號，就是第一艘應用蒸汽引擎設計的戰艦。

拿破崙號

而且速度也比當時的風帆戰艦快，在1854年的克里米亞戰爭中，這艘船的優異表現也讓世界開始接受蒸汽動力的船艦。

雖然看起來跟之前的風帆戰艦非常相像，但仔細看可以發現中間有兩根煙囪，這類船艦的優點在於當風向或是風力不足時提供必要的動力。

什麼時候才出現樣子像現代戰艦的船艦呢？

在1859年，史上第一艘鐵甲艦在法國海軍下水服役。

自此，大國海軍就開始建造鐵甲艦，英國更在1861年決定海軍往全鐵甲艦隊的方向發展。

法國海軍的光榮號戰艦

老師，什麼是鐵甲艦呢？

其實鐵甲艦就是現在一般的海軍戰艦，外殼有金屬製造的裝甲，讓自己能在海戰中擁有遠勝於木造戰艦的防禦優勢。

因此，海軍戰艦的火炮也朝口徑更大、更具破壞力的方向發展。

雖然各國海軍都開始使用金屬製造的鐵甲艦，但直到1862年的美國南北戰爭，

才發生了第一次由兩艘鐵甲艦交戰的戰役。

南北戰爭時，發生了海戰嗎？不是都在美國本土打？

當時美國分成了北方的聯邦和南方邦聯，北方的聯邦對南方進行封鎖，想阻止南方的對外貿易。

南方為了突破這個僵局，而發動這一場海戰⋯⋯

當時兩艘船交戰，但雙方都無法擊穿對方的裝甲，所以交戰了一段時間後，雙方都退出了戰場。

美國聯邦軍摩尼特裝甲艦
USS Monitor

南方邦聯維吉尼亞裝甲艦
CSS Virginia

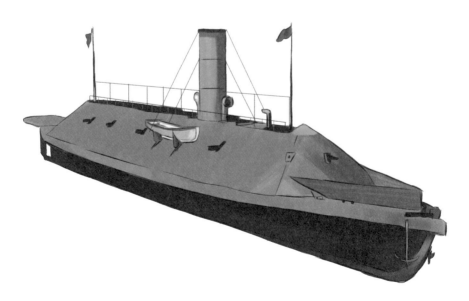

你們可以發現兩艘船長得不大一樣，但兩者的設計都盡量讓自己變低。

同時讓裝甲包覆整艘船，顯示出當時的軍事科技發展仍處於摸索階段。

這場海戰很重要嗎？

這場海戰本身並沒有重要的戰略價值，但在海軍史上有著象徵性的意義，證明了鐵甲艦的優越裝甲性能和操作性，甚至能夠毫髮無傷的衝撞木造戰艦，也象徵一個時代的終結。

在1873年，英國海軍製作出蹂躪號戰艦，這艘戰艦廢除了風帆系統，在此之前的戰艦大都還會加上風帆當作部分的動力系統。

蹂躪號戰艦

畢竟用了幾百年的系統，想立即廢除也不容易，然而後記的海軍船艦發展就變得多采多姿了。

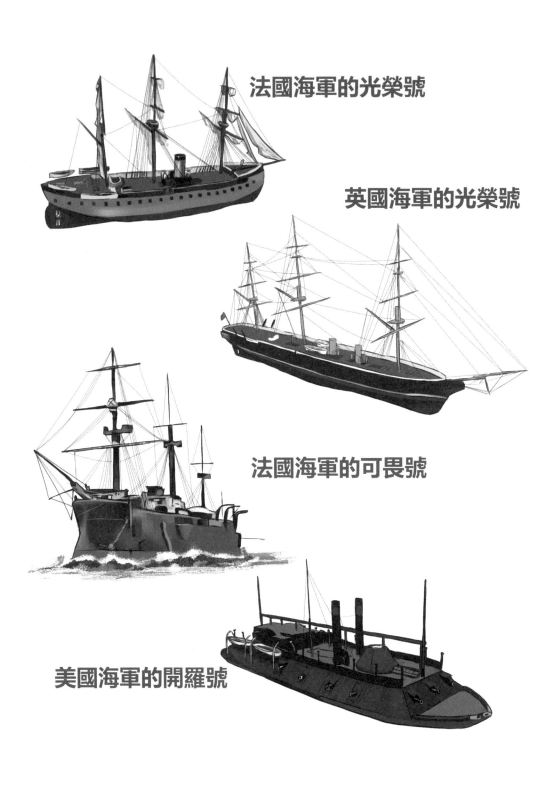

法國海軍的光榮號

英國海軍的光榮號

法國海軍的可畏號

美國海軍的開羅號

大家知道在鐵甲艦之後的船艦，是以哪個國家的戰艦當作範本呢？

我猜英國，因為她擁有世界上最強的海軍……

沒錯，英國海軍在鐵甲艦出現後，體認到戰艦需要的火炮口徑必須越來越大，同時人類的煉鋼跟鍛造技術，也進展到研發大口徑火炮的地步，

戰艦的火炮數量從數百門的小型火炮，發展到數門的大型火炮，再搭配小型的火炮以對付不是戰艦的船艦。

英國海軍的莊嚴級軍艦

前無畏艦主要在1890到1905年間建造，作為取代鐵甲艦的各國海軍主力，該系列戰艦對亞洲歷史的演變影響甚大。

清朝的鎮遠號

這些戰艦參與了甲午戰爭和日俄戰爭，這是兩場影響當代亞洲歷史的重要戰役。

你們聽過甲午戰爭嗎？

是清朝跟日本發生的一場戰役？

沒錯，這場戰爭不但讓日本得以揮軍韓國，還讓清朝將台灣割讓給日本。

當時清朝擁有亞洲最大的北洋水師艦隊，她們擁有像是鎮遠號跟定遠號兩艘戰艦。

是當時亞洲最大的戰艦，鎮遠號還擁有東亞第一堅艦的稱號，但清政府的過度腐敗……

朝鮮

清國

台灣

日本軍 —————
清國軍 —————

大家知道，當時清日兩國的船艦是誰製造的嗎？

難道不是他們自己建造的嗎？

不！不！雙方的船艦都是歐洲列強打造的。

戰艦需要的建材和技術都是歐洲獨有，例如鎮遠號就是德國人負責建造。

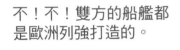

然而清朝還是打造了幾艘船艦，其中平遠號就是最具代表性的一艘，她是中國造船工業在19世紀的代表作品。

這艘船不但撐過甲午戰爭中的幾場海戰，也因為性能優越，戰爭後被日本海軍接收，還參與了日俄戰爭。

這場戰爭中的對馬海峽海戰是由東鄉平八郎大將所指揮的聯合艦隊，對上俄羅斯帝國的齊諾維羅傑斯特文斯基中將。

日本海

韓國

日基地

對馬海峽

日本

朝鮮海峽

俄羅斯艦隊

東海

俄羅斯帝國海軍的第二太平洋艦隊，擁有八艘戰艦、八艘巡洋艦和九艘驅逐艦。

日本聯合艦隊雖只有四艘戰艦，但同時有23艘巡洋艦和數量不少的魚雷艇。

嗶

這場戰役，俄國損失了將近三分之二的船艦，包括六艘戰艦，其餘不是被俘就是逃往其他中立國。

原本擁有38艘船的俄國第二太平洋艦隊，只有三艘船安全返國，然而日本卻只損失三艘魚雷艇。

為什麼日本人可以打贏俄國人呢？

日本能夠贏得壓倒性勝利的理由很多，比如日本的訓練就遠比俄國精實。

日本當時的訓練是比照英國海軍的方式，英國海軍的優越性與精實訓練更影響到日本海軍。

戰爭爆發前，俄國海軍花了七個月從非洲行經中國來到了日本近海。

同時，原本要支援第二艦隊的太平洋艦隊，也被封鎖在旅順港，隨著旅順港淪陷太平洋艦隊也全軍覆沒，

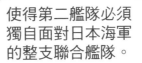

使得第二艦隊必須獨自面對日本海軍的整支聯合艦隊。

剛剛老師一直提到前無畏艦，那是什麼呢？

無畏艦是英國海軍的一艘戰艦，她擁有劃時代的設計，從無畏艦之後的戰艦都可以看到這艘船艦的影子，她的最大特色在於擁有單一口徑的主炮，不再混合各種不同大小的主炮。

為什麼在這之前要使用這麼多不同口徑的主炮呢？

因為戰艦會設定要跟不同大小的船艦交戰，為了應對這些船艦就需要不同口徑的主炮。

但經過甲午和日俄戰爭兩場大規模的海戰之後，歐美各國發現一些問題，認知到不同口徑的主炮容易導致戰艦在瞄準上的困難。

同時隨著瞄準用的射控系統發展，火炮使用的距離也越來越長，為了取得最大的優勢，各國開始採用越來越大口徑的火炮。

英國海軍就打算靠著性能卓越的長程火炮,以及蒸汽輪機的高速移動力來主導未來的海戰。

無畏艦就是在這種設計之下的產物,而且無畏艦的設計也成為了未來戰艦的樣板。

她的經典設計讓戰艦以無畏艦誕生做為分界,區分成前無畏艦、無畏艦跟後來的超無畏艦。

為什麼這時的船艦會比蒸汽機剛發明時的蒸汽機快呢?

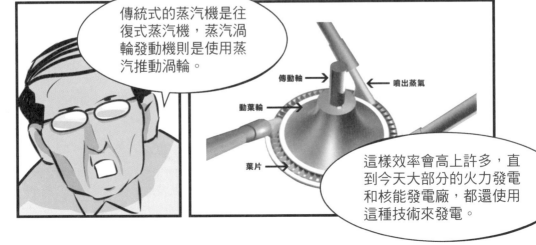

傳統式的蒸汽機是往復式蒸汽機,蒸汽渦輪發動機則是使用蒸汽推動渦輪。

傳動軸 ← → 噴出蒸氣

動葉輪 →

葉片 →

這樣效率會高上許多,直到今天大部分的火力發電和核能發電廠,都還使用這種技術來發電。

原來如此。

無畏艦最大的特色就是全重炮設計，像是英國海軍的無畏號就採用了10門12英吋炮。

這種火炮擁有絕佳的射程與貫穿力，卻讓德、英兩國陷入建造無畏艦的爭鬥，直到第一次世界大戰之前，

兩國分別擁有70幾艘與50幾艘的無畏艦，這些無畏艦並非全是戰艦，還包含了噸位較小裝甲較薄的戰鬥巡洋艦。

英國跟德國有在戰場上證明誰比較厲害嗎？

在十九世紀末期到二十世紀初期，歐洲列強陷入一場軍備競賽。

各種武器的發展迅速，機槍、飛機、毒氣這些新型武器都一一被製造出來。

德、英兩國的海上交鋒，更造成第一次世界大戰的危機。

德意志帝國成立於1871年1月18日，由威廉一世的普魯士統一了德國，時間就在1871年普魯士打敗法國贏得普法戰爭勝利之後。

威廉一世在法國凡爾賽宮登基成為德意志皇帝，而在德國統一之後，正式往世界強權的路上邁進。

為什麼英、德兩國會發生衝突呢？

因為德國想要往海外發展，然而此時的英國不僅擁有海上霸權，

同時英國海軍也站在有效封鎖德國海上貿易的位置上，德國為了突破限制，開始打造自己的艦隊。

在十九世紀末，德皇威廉二世跟海軍大臣鐵必制開始建造一支強大的艦隊，目的就是要挑戰英國的海上霸權。

嘩

嘩

英國為了對抗德國海軍，也加速建造船艦，成為一場名副其實的軍備競賽。

兩邊的軍備競賽後來怎麼結束的呢？

德國跟英國兩邊試圖以談判來停止軍備競賽，但因為雙方的政治歧見而不了了之。

奧匈帝國

後來，英國跟數百年來的競爭對手法國合作，打算一起對抗德國。

同時德國也與奧匈帝國跟義大利等盟國，形成另一股勢力。

這兩大勢力在奧匈帝國王儲斐迪南大公在塞拉耶佛被暗殺時爆發衝突，使得歐洲陷入一場死傷慘重的世界大戰裡。

大家對第一次世界大戰印象，可能多是地面戰跟空戰的部分……

磅

啊

其中的壕溝戰跟第一代的戰車更成為第一次世界大戰的樣板。

期間都沒有發生海戰嗎？

所以都沒有爆發大規模的海戰，德國海軍知道自己公海艦隊的規模比不上英國海軍的戰力。

第一次世界大戰爆發以後，發生了幾場小規模的海戰，但因為德國海軍都被英國海軍封鎖在波羅的海內⋯⋯

挪威

瑞典

愛沙尼亞

拉脫維亞

立陶宛

波羅的海

俄羅斯

波蘭

因而希望採取誘導部分英國艦隊再殲滅的戰術，但英國海軍也深知自己的優勢，

就是艦隊的規模，所以也不願意輕易跟德國海軍交戰。

嘩

總噸位是用來表示船艦的大小，所有的船艦不管是軍艦或是民間船隻都用這個當作標準。

老師，為什麼海軍的船是用總噸位數來計算？總噸位數是什麼？

註：載重噸位：船舶的載重噸位是指船舶的裝載能力，也就是說除了船舶船身、機器、設備，以及固定裝備等外，可以裝載客、貨、燃料、淡水以及船員與給養品的重量。

軍艦的分類有時並無法表現出她的實際大小，所以用噸位來計算比較能夠呈現出實際上船艦的量。

為什麼日德蘭海戰間接導致美國的參戰呢？

因為德國在日德蘭海戰之後無法將自己的水面艦送到大西洋阻斷英國的補給線，所以德國決定採用另一種戰術——無限制潛艇戰。

沉

無限制潛艇戰簡單說來，就是以潛水艇攻擊敵人的補給線，特別是商船之類的運輸艦，無限制的意思就是並非只攻擊敵國的船艦。

換句話說，只要是運輸物資到敵國領土的船艦都會遭到無差別攻擊，這樣的戰術雖然能有效截斷敵人的補給。

但也會造成第三國的憤怒，而當時對英國進行補給的船艦中有一大部分是來自中立國（美國）的商船。

美國是因為這樣才決定參與第一次世界大戰嗎？

這是一個非常關鍵的因素，因為美國有艘商船遭到德國海軍擊沉。

這時有艘載運大量美國人的英國郵輪盧西塔尼亞號，被德軍的魚雷擊沉造成美國輿論的憤怒。

同時德國又意圖拉攏美國南方的墨西哥入侵美國，取回美墨戰爭中失去的領土。

雖然提議遭墨西哥拒絕，但這兩件事卻造成美國下定決心參戰。

為什麼潛水艇沒有被拿來對付英國的艦隊呢？

首先大家必須了解，那個年代的潛水艇是無法長時間在水面下移動的。

當時，為了讓潛水艇可以潛入水中，潛水艇的裝甲非常薄弱！

只要小口徑的艦炮，就足以對潛艇造成嚴重損害，正面挑戰水面艦隊就跟自殺一樣。

而且在第一次世界大戰開始有了總體戰的概念。

總體戰!?

在第一次世界大戰時，有種新的概念誕生，在這之前的戰爭幾乎都是，

由兩國的軍事武力進行對抗，並透過兩國軍隊交戰結果決定勝負。

但在第一次世界大戰前，有人開始意識到戰爭其實是，

國家力量與國家力量間的對抗，兩國的全體國民跟資源都在對抗。

這跟潛水艇有什麼關係呢？

因為比起跟敵國海軍正面衝突，潛水艇的魚雷更適合拿來攻擊敵國的補給艦隊。

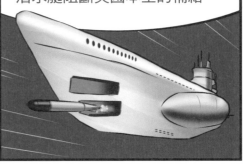

特別是英國這種海島國家，他們需要大量的海外物資才能持續作戰，也因此德國才想利用潛水艇阻斷英國本土的補給。

美國參戰之後發生了什麼事呢？

美軍參戰後，協約國軍隊獲得大量支援，德國陸軍也節節敗退到死守興登堡防線。

這時德國為了是否持續戰爭有了爭議，使得國內情勢發生劇變，造成德國皇帝威廉二世流亡，德意志帝國就此瓦解。

德國原本想將「公海艦隊」作為戰敗賠償，但為了德國海軍的榮譽，因而決定將所有軍艦鑿沉於自己的港口中。

倍徑？

老師，那個艦炮的倍徑是什麼意思呢？

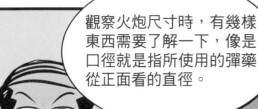

觀察火炮尺寸時，有幾樣東西需要了解一下，像是口徑就是指所使用的彈藥從正面看的直徑。

而「倍徑」說的就是火炮的長度是口徑的多少倍，當倍徑越大時，射出去炮彈的初速也會越高。

初速越高則動能越高，相對破壞力也越強，所以同一口徑的艦炮也會因為長度不同而有不同的穿透力。

口徑

18口徑桶長

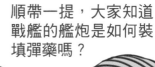

順帶一提，大家知道戰艦的艦炮是如何裝填彈藥嗎？

怎樣裝填彈藥？

不知道耶，是一整顆炮彈塞進艦炮裡面射出去嗎？

海軍軍艦的艦炮太大了，一發炮彈的大小就跟一個人的大小差不多，而且重量也相當驚人。

所以是使用輸送帶把炮彈送上炮管，而且發射用的炮彈跟藥包是分開填裝的，使用的火藥量也會隨著使用的炮彈跟射程而有所差異。

隨著第一次世界大戰的發展，英國開始建造伊麗莎白女王級戰艦，這艘船的大小更加驚人。

她取消了中間的炮塔以增加動力用的鍋爐跟裝甲，讓船速可高達25節。

她被認為是高速戰艦的代表，這些高速戰艦到了第二次世界大戰，更發揮了不同的影響力。

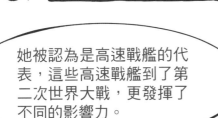

伊麗莎白女王級戰艦總共建造了五艘，這一級的船艦使用了15英吋的艦炮，也因為該級戰艦的強大性能，讓她們能一路沿用到第二次世界大戰。

厭戰號

技術數據

排水量：33,410噸
全長：196.8公尺
全寬：27.6公尺
吃水：9.6公尺
速度：23節
載重：
3300噸燃油及100噸煤
武器裝備：
4座雙連裝381公厘主炮塔

伊麗莎白女王級戰艦可說是英國海軍在近代史中，表現得最傑出的一級戰艦。

其中厭戰號更是英國海軍戰史上，得過最多戰場榮譽的一艘軍艦，她撐過了日德蘭海戰跟二次世界大戰，更在地中海表現傑出。

還在諾曼第登陸戰中，在之前戰役中已經損失一座炮台的情況下，仍支援登陸部隊火力掩護，直到自己的炮管磨損到無法繼續使用為止。

厭戰號最驚人的一項紀錄是在一場海戰當中，擊中23.7公里外的義大利戰艦朱利奧凱撒號，這是海戰史中戰艦擊中敵方戰艦最遠的距離。

伊麗莎白女王級戰艦的設計者，就是設計出第一艘無畏級戰艦的費舍爾爵士，

首相 邱吉爾

他和當時英國的海軍部部長，也就是後來的首相邱吉爾一同創造出這艘戰艦。

費舍爾爵士

嗶

厭戰號的姐妹艦分別是伊莉莎白女王號、巴勒姆號、剛勇號跟馬來亞號。

其中馬來亞號是由當時英國殖民地的馬來亞提供預算建造。

碰

咻

當中只有巴勒姆號一艘被德國海軍在二次世界大戰中擊沉。

隆

伊麗莎白女王號跟剛勇號在地中海港口停留時，曾遭義大利的特種部隊突襲，

以炸藥攻擊造成嚴重損傷，但後來修復繼續參與第二次世界大戰。

靜

靜

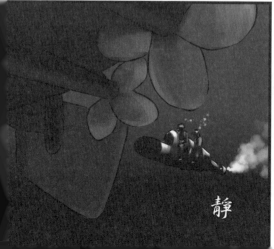

靜

隆

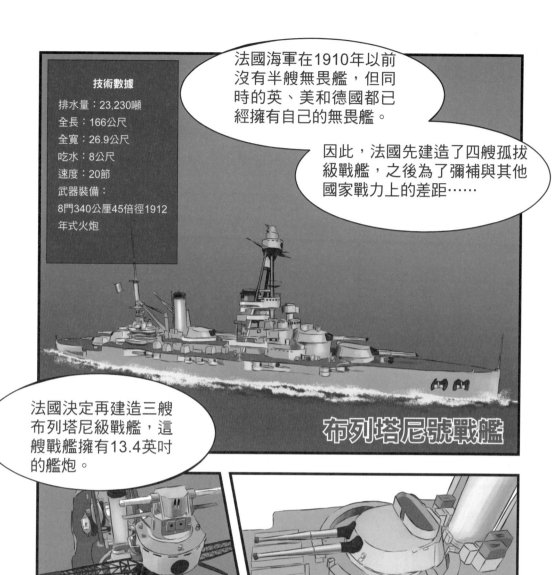

技術數據

排水量：23,230噸
全長：166公尺
全寬：26.9公尺
吃水：8公尺
速度：20節
武器裝備：
8門340公厘45倍徑1912
年式火炮

法國海軍在1910年以前沒有半艘無畏艦，但同時的英、美和德國都已經擁有自己的無畏艦。

因此，法國先建造了四艘孤拔級戰艦，之後為了彌補與其他國家戰力上的差距……

法國決定再建造三艘布列塔尼級戰艦，這艘戰艦擁有13.4英吋的艦炮。

布列塔尼號戰艦

海軍的建置反而慢了下來，其中三艘戰艦延遲到一次世界大戰爆發後的第二年才服役，甚至取消了第四艘戰艦的建造。

因為法國與德國是陸地相鄰的國家，第一次世界大戰爆發之後，法國將主要的資源都投資在地面戰力上。

在第一次世界大戰結束之後，雖然德國因凡爾賽條約的規範，讓海軍的發展受到嚴重的限制。

其他國家卻因而進入一場新的軍備競賽，各國都吸取一次世界大戰的經驗，開始打造全新的戰艦。

美國總統威爾遜

美國總統威爾遜通過法案，希望建造一個擁有156艘軍艦的大艦隊。

而日本則開始建造他們的八八艦隊，簡單來講就是擁八艘戰艦以及八艘裝甲巡洋艦的艦隊，用來對抗美、英等國的海軍。

註：華盛頓限武條約中，將噸位超過10000噸或配備8英吋以上艦炮的軍艦，皆定義為「主力艦」，而當時各國的「戰艦」及「戰鬥巡洋艦」都符合此一條件，以致造成名稱的混用。

嘩

嘩

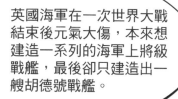

英國海軍在一次世界大戰結束後元氣大傷，本來想建造一系列的海軍上將級戰艦，最後卻只建造出一艘胡德號戰艦。

到了1922年世界各國海軍為了避免大規模的軍備競賽與可能因此發生的衝突……

在美國華盛頓開了一場會議，這場會議的目的就是要限制各國海軍的大小和使用的武器。

哪些國家參加了會議呢？

這場會議主要限制了美、英、日本、法國跟義大利的戰艦，以及其他各型船艦的大小。

條約最重要的規定，就是限制各國軍艦總噸位數的比例，例如美、英、日、法、義的比例分別為5、5、3、1.75、1.75。

同時規定各國軍艦不得超過35000噸，主炮口徑不得超過16英吋，條約中明文限制了各國海軍的發展。

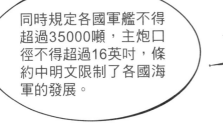

條約讓各國海軍的競賽減緩，甚至有了「海軍假日」的說法，在1922年到1936年這段期間大型主力艦的建造幾乎全部停擺。

科羅拉多州級戰艦

美國海軍在得知日本海軍開始建造擁有16英吋艦炮的長門級戰艦之後，開始著手建造一艘能夠跟長門號抗衡的戰艦。

也就是美國海軍的科羅拉多級戰艦，這型戰艦擁有16英吋火炮，但航速只有21節左右。

科羅拉多級有三艘戰艦，分別是科羅拉多號、馬里蘭號跟西維吉尼亞號。

這三艘船加上兩艘英國海軍的納爾遜級戰艦，以及日本海軍的兩艘長門級戰艦，一起稱為「大七」，是當時最大的七艘戰艦。

那在「大七」之後還有新的戰艦嗎？

英國海軍在1930年代開始發展一款新的戰艦……

這款戰艦是英國在第二次世界大戰爆發前的最後一款戰艦，也是英國海軍火力最大的戰艦。

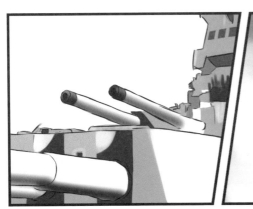

英國海軍在1930年代認為，為了維持自己的海上優勢必須建造一批新的戰艦。

但當時英國為了符合華盛頓海軍條約，取消了新艦15英吋艦炮的設計。

改採擁有10門14英吋艦炮的主力艦，這批戰艦被稱為英王喬治五世級戰艦，總共建造了五艘。

英王喬治五世號

卻也導致這批戰艦的性能低落，比不上後來美國和日本建造的戰艦。

英國人為了符合華盛頓海軍條約而建造了這批戰艦……

法國海軍在第一次世界大戰結束之後，在華盛頓公約的允許下，建造了兩艘新的戰艦。

法國海軍所建造的是，兩艘敦克爾克級的戰艦，這型戰艦擁有13英吋的艦炮。

敦克爾克號戰艦

同時，擁有比過去法國戰艦更好的引擎性能，但整體性能還是比不上英、美、日等國的戰艦。

德國呢？
後來還有建
造什麼戰艦
嗎？

德國因為凡爾賽條約
的限制，只能建造三
艘大型戰艦。

嘩

嘩

大型艦的排水量不能
超過10,000噸，戰艦
主炮也限制在280公
厘以下。

在這種情況下德國海軍開始建造一種全新的船艦，他們自稱為裝甲艦，雖然是巡洋艦的大小……

卻擁有戰艦等級的火力，也因為裝甲比較薄，所以有較高的航速。

他的目標就是要打贏戰艦以下的軍艦，同時又能跑贏其他國家的戰艦。

這型戰艦被稱為德意志級裝甲艦，其他國家則稱這種裝甲艦為袖珍戰艦或口袋戰艦。

黎胥留號戰艦

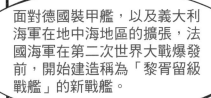

面對德國裝甲艦，以及義大利海軍在地中海地區的擴張，法國海軍在第二次世界大戰爆發前，開始建造稱為「黎胥留級戰艦」的新戰艦。

技術數據

排水量：35,000噸
全長：247.9公尺
全寬：33公尺
吃水：9.7公尺
速度：30節
武器裝備：
8門380公厘45倍徑1935年式主炮

這批戰艦是法國海軍最後一艘戰艦，裝載了380公厘的艦炮，

同時擁有較高的航速，但直到第二次世界大戰爆發後第一艘戰艦才下水服役。

甚至到了第二次世界大戰結束後的1949年，第二艘才打造完成，這也是世界上最後一艘完工的戰艦。

同時在地球的另一端，日本海軍決定建造一艘比長門號更巨大的戰艦。

這艘戰艦因為違反了華盛頓公約，而且日本海軍也不想讓其他國家知道這個計畫。

嘩

嘩

特別是美國建造可以跟他們匹敵的戰艦，所以想盡辦法隱藏這個祕密。

華盛頓海軍公約後來就變得沒有意義了嗎？

華盛頓公約的有效期限本來就只從1922年到1936年12月31號為止，1930年各國在倫敦展開進一步的討論。

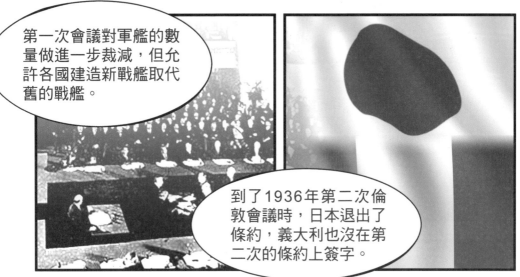

第一次會議對軍艦的數量做進一步裁減，但允許各國建造新戰艦取代舊的戰艦。

到了1936年第二次倫敦會議時，日本退出了條約，義大利也沒在第二次的條約上簽字。

這時，英國和美國也因為日本退出的關係，得以開始建造45000噸級的戰艦。

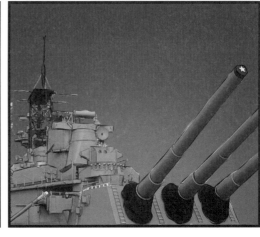

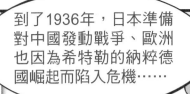

到了1936年，日本準備對中國發動戰爭、歐洲也因為希特勒的納粹德國崛起而陷入危機……

這時，西班牙爆發內戰，武器的發展又開始進入飛快的階段。

馬德里

西班牙

葡萄牙

19

飛機的快速進展對戰艦產生很大的危機，不過當時各國海軍都還抱著大艦巨炮的主義。

第二次世界大戰以前，各國海軍幾乎都相信擁有最大戰艦、

最大巨炮的國家才能取得制海權，只有取得制海權的國家，才能控制世界的海洋。

也因為這樣英、美、德、日本都想建造世界上最強的戰艦，因而每個國家都有自己的代表作。

但因為1930年代的經濟大蕭條，各國都無法建造大量的戰艦。

為什麼後來又開始建造戰艦呢？

因為第二次世界大戰的威脅逐漸接近……

第二次世界大戰

在1939年9月1號，德國入侵波蘭，第二次世界大戰爆發……

蘇聯

波蘭

德國

當時德國海軍的戰力並不充裕，甚至在開戰之初還沒有戰艦。

只有兩艘巡洋艦跟三艘裝甲艦，德國海軍當時正在積極打造他們自己的戰艦。

德國海軍在第二次世界大戰都做些什麼呢？

德國海軍因戰力的差距太大，甚至連引誘部分英國艦隊出來交戰的能力都沒有。

導致德國海軍從戰爭初期就只能採取破壞英國海上補給的戰略。

不只是潛水艇，就連戰艦跟巡洋艦都被拿來攻擊同盟國的補給線。

德國海軍在第二次世界大戰爆發之前，就將部分的船艦送到海外。

以免開戰時被英國海軍給封鎖在國內，「施佩伯爵號」就是其中的一艘。

施佩伯爵號

但她不是戰艦吧?

沒錯,施佩伯爵號其實是艘裝甲艦,她是前面提到的德意志級裝甲艦中的一艘。

在戰爭爆發時就被派遣到南大西洋,而在開戰後的三個月間,擊沉了9艘商船。

英國海軍為了保護自己的海上補給線,派出了大量的船艦尋找這艘船。

烏拉圭

阿根廷

拉普拉塔河口

到了12月13號,在烏拉圭跟阿根廷附近的拉普拉塔河口爆發了一場海戰。

英國海軍雖然在南大西洋派遣了大量船艦，但當海戰爆發時……

英軍只有一艘重巡洋艦跟兩艘輕巡洋艦，雖然雙方船艦的裝甲不相上下。

但施佩伯爵號擁有戰艦等級的主炮，在交戰上取得一定的優勢。

嘩

碰！！

施佩伯爵號的火力，造成三艘敵艦損傷，甚至重創了英軍的重巡洋艦埃克塞特號。

咻

隆

轟轟

其他兩艘也因為受損關係被迫退出戰場，然而施佩伯爵號也在交戰中受創……

迫使她必須躲回烏拉圭的港口。

隆 隆 隆

後來的發展呢？

躲進烏拉圭的港口之後，英國海軍以假情報欺騙了施佩伯爵號的艦長，

讓他以為港口外有包括航空母艦在內的船艦在等他們出港。

但實際上只有一艘巡洋艦到達，同時烏拉圭政府也拒絕讓施佩伯爵號在港口內維修。

施佩伯爵號的艦長決定讓大部分船員到岸上避難，而他在外海自爆了他的船。

德國海軍在開戰初期也有兩艘戰鬥巡洋艦,分別是沙恩霍斯特號跟格奈森瑙號,這兩艘戰鬥巡洋艦參加過非常多的戰役。

技術數據

排水量:31,552噸
全長:229.8公尺
全寬:30公尺
吃水:9.93公尺
武器裝備:
3座三連裝280公厘/L54.5 SK C/34主炮

沙恩霍斯特號戰艦

更創下少數在海戰史上成功用艦炮擊沉航空母艦的案例,讓英國海軍失去了光榮號航空母艦。

沙恩霍斯特號在北角海戰中,遭到英國海軍的戰艦約克公爵號擊沉。

然而在這場海戰當中,更創下了最遠距離擊中敵艦的紀錄。

德國後來有做出自己的戰艦嗎？

有的，德國海軍在1936年開始建造自己的戰艦。

因為希特勒撕毀凡爾賽條約，所以德國海軍開始著手建造一艘可以跟各國戰艦對抗的戰艦。

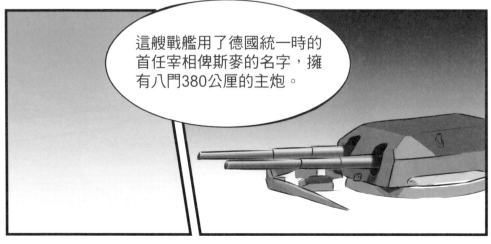

這艘戰艦用了德國統一時的首任宰相俾斯麥的名字，擁有八門380公厘的主炮。

俾斯麥號戰艦

技術數據

排水量：41700噸
全長：251公尺
全寬：36公尺
吃水：9.3公尺
速度：30.01節
武器裝備：
8座380公厘SK C/34
型艦炮

同時配備像是水上飛機跟雷達等設備，俾斯麥號在1940年8月下水，卻在九個月後被英國海軍給擊沉。

為什麼要派戰艦去突襲英國的補給船隊？不是已經有潛水艇了嗎？

沒錯，德國海軍一直利用潛水艇對補給船隊發動狼群戰術，但同一時間英國海軍也派遣軍艦來保護這些補給船隊，其中不乏一些戰艦。

潛水艇雖然可以用魚雷攻擊各種船艦，但使用直航魚雷攻擊時，就會暴露位置，易於被其他水面艦攻擊。

咻

隆

也因為英國的護衛船隊中有戰艦，假如只派巡洋艦去攻擊船隊，勝算也不大。

而且俾斯麥號比大部分派去保護補給船隊的戰艦還要先進，火力也較為強大，德國海軍就希望俾斯麥號可以和護衛艦隊交戰。

再由歐根親王號攻擊補給船隊，或交由其他較輕型的巡洋艦或是驅逐艦執行任務。

她的左舵卡死造成俾斯麥號只能在同個地方不斷繞圈圈，俾斯麥號的命運到現在幾乎底定。

因為俾斯麥號無法繼續移動，英國海軍後續的增援部隊也陸續到達……

其中包括了英國海軍的英王喬治五世號跟羅德尼號戰艦，

還有另外兩艘重巡洋艦也一同加入攻擊俾斯麥號的作戰當中。

英國海軍的兩艘戰艦擔任攻擊俾斯麥號的主力，四艘包圍炮擊俾斯麥號的軍艦總共射了超過2800發炮彈……

其中400發命中俾斯麥號，同時還有數發魚雷直擊命中。

然而，俾斯麥號最後是由船上的剩餘官兵自行爆破沉沒。

101

鐵必制號戰艦

技術數據

排水量：42900公噸
全長：251公尺
全寬：36公尺
吃水：9.3公尺
速度：30節
武器裝備：
58×2公分 30型高射炮

俾斯麥號被擊沉後，德國海軍就沒有再讓戰艦進入大西洋的作戰計畫。

但德國海軍仍然依照計畫將第二艘俾斯麥級戰艦完成，

這艘船被稱為鐵必制號，以創造德意志帝國海軍的海軍元帥來命名。

這艘戰艦的噸位比俾斯麥號還要大，主因是這艘戰艦添加了射控雷達、魚雷發射管等與俾斯麥號不一樣的設計，使得她的標準排水量來到42900公噸。

鐵必制號是歐洲有史來最大的一艘戰艦，但因為失去俾斯麥號，所以德國艦隊的規模還是比不上英國海軍，

於是，鐵必制被送到挪威擔任存在艦隊牽制英國海軍的戰力。

老師，什麼是「存在艦隊」？

存在艦隊就是在特定水域布署一支主動具攻擊性的艦隊，

藉其嚇阻作用使敵人艦隊備多力分，而無法集中兵力進行主力決戰。

英國海軍也因為鐵必制號的存在，必須調派寶貴的戰艦在挪威附近的海域待命。

因為鐵必制號是德國海軍最大的一艘戰艦。

鐵必制號就一直待在港口嗎？

同時，鐵必制號的存在也對英美將物資送往蘇聯的海上交通造成威脅，使得英國海空軍一直試圖癱瘓這艘戰艦。

英軍多次派出轟炸機，不斷嘗試擊沉鐵必制號戰艦。

嗶

嗶

直到1944年11月，英軍才使用了高腳櫃炸彈，一舉殲滅了鐵必制號。

高腳櫃炸彈是什麼東西呢？

高腳櫃炸彈是一型非常大的炸彈，重達12,000英磅（約5.5噸）必須由重型轟炸機來裝載……

而且一架重型轟炸機只能攜帶一發，本來設計是來對付碉堡或是水壩，

但英國決定用這一款炸彈來對付擁有厚重裝甲的鐵必制號。

隆！！！

英國動用了30架轟炸機投下30發高腳櫃炸彈，其中兩發炸彈直接命中，才成功擊沉鐵必制號。

後來，歐洲就沒有再打造戰艦了嗎？

其實，英國海軍在第二次世界大戰期間也生產最後一艘名為「先鋒號」的英國戰艦。

但拖到1946年才正式服役，而且當時英國的資源不足，英國海軍還從舊船艦拆下15英吋艦炮安置在這艘戰艦上，火力並沒有很先進。

甚至還輸給英王喬治五世級，而英王喬治五世級反而象徵著戰艦最後的光輝與沒落。

嗶

為什麼會說英王喬治五世級象徵著戰艦的沒落呢？

這時候我們就得轉到太平洋戰場上了

就在1941年12月7日，日本偷襲了美國在夏威夷的珍珠港海軍基地……

同一時間，日本也開始入侵東南亞的歐洲殖民地。

在開戰之前，英國海軍將最新的喬治五世級當中的威爾斯親王號，派遣到遠東擔任遠東艦隊的旗艦。

英國將威爾斯親王號跟另一艘較舊的反擊號戰鬥巡洋艦，

以及另外四艘驅逐艦派到馬來半島，企圖阻止日本登陸艦隊。

馬六甲海峽

馬來半島

蘇門答臘

然而，英軍不但沒找到登陸艦隊，還被日本海軍的潛水艇發現蹤跡。

在1941年12月10日，日本海軍派出了86架轟炸機去攻擊這個艦隊……

啾

這是人類史當中第一場由空中武力單獨攻擊戰艦的戰役。

英國海軍在這場戰役中失去了兩艘戰艦，包括引以為傲的威爾斯親王號。

嗶

嗶

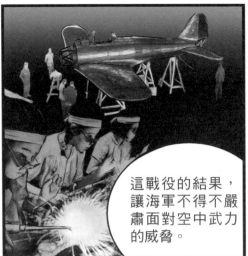

這戰役的結果，讓海軍不得不嚴肅面對空中武力的威脅。

同時也迫使歐美國家不得不面對亞洲國家的崛起，特別是對日本的軍事工業力量刮目相看。

最重要的是，這場海戰證明了大艦巨炮主義的時代正式畫下句點，空中武力才是主宰未來戰爭的關鍵。

珍珠港被偷襲時，美國有哪些船艦在呢？

嗯！珍珠港是美國太平洋艦隊的主要根據地。

第二次世界大戰爆發前，美國和日本的關係陷入了緊張，由於日本入侵中國，使得日本受到美國的經濟制裁，讓日本失去了石油、軍需及民生物資的補給。

為了打破這個僵局，日本海軍聯合艦隊司令山本五十六，決定對珍珠港發動攻擊，企圖殲滅美國的太平洋艦隊。

山本五十六

日本海軍一直都希望能夠跟美國海軍來個正面決戰，並且取得類似日俄戰爭那種關鍵性的勝利，

但是山本五十六知道，這種由雙方戰艦出來對戰的時代已經結束。

現在是航空母艦的時代，而且美國擁有日本所無法匹敵的工業實力。

山本五十六認為，真正跟美國抗衡的方法，是在美國動員國家力量之前，就得將美國在太平洋的海上戰力摧毀，進而取得跟美國的談判空間，因此他才想出偷襲珍珠港的戰術。

本來美軍也有三艘航空母艦駐守在珍珠港,但事件發生時,這三艘航母剛好在外海演習,逃過一劫。

日本原先想對珍珠港發動第三波攻擊,但艦隊司令南雲忠一中將認為,摧毀太平洋艦隊的目標已經達成,沒有必要繼續攻擊。

為什麼沒有繼續攻擊,當時港口還有其他船艦沒有被擊沉呀?

沒有繼續發動攻擊有很多的可能性,也可能在第二波攻擊時,美國海軍已經開始在反擊⋯⋯

並且開始造成日本航空隊的損傷,同時美軍的航空母艦並不在港口,日本艦隊也有遭到逆襲的可能,而且一時失去多艘戰艦的艦隊,短時間也是回不到太平洋進行任務的。

註:關於日本偷襲珍珠港的詳細內容,歡迎參閱本書系之《航空母艦》。

美國在珍珠港事件中，損失了哪些戰艦呢？

其實美國海軍在珍珠港事件爆發前，太平洋艦隊的主力是由九艘戰艦跟三艘航空母艦所組成的，在事件中有八艘被日軍癱瘓。

但其中的大部分船艦都被打撈或修復後繼續使用，真正失去的戰艦只有亞利桑那號和奧克拉荷馬號戰艦。

另外一艘猶他號戰艦，當時已經被美國海軍拿來當靶艦使用，其他六艘戰艦都在一年左右被修復之後投入太平洋戰爭。

如果現在有機會到夏威夷的珍珠港，還可以看到亞利桑那號戰艦的紀念館。

光是這艘船上的傷亡人數，就占了珍珠港事件一半左右的數量。

亞利桑那號

技術數據

排水量：31,400噸
全長：185.3 公尺
全寬：29公尺
吃水：8.8公尺
速度：21節
武器裝備：
4門356公厘三聯裝火炮

亞利桑那號是賓夕法尼亞級戰艦的其中一艘，是內華達級戰艦的改良型，使用12門14吋艦炮，

賓夕法尼亞級戰艦總共造了兩艘，賓夕法尼亞號還是當時太平洋艦隊的旗艦，

但因為在珍珠港事件中，她正在船塢中修理而逃過一劫，然而亞利桑納號就慘遭擊沉。

美國海軍在珍珠港事件之後，怎麼應對？

在珍珠港事件之前，美國海軍也是大艦巨炮主義的信仰者，但在事件爆發後的一年左右，航空母艦躍升為太平洋地區的主要戰力……

就在珍珠港事件爆發後，美軍倖存下來的三艘航空母艦，在中途島戰役中殲滅了四艘日本的大型航空母艦。

咻

日本不但失去原本在珍珠港事件後取得的優勢，更一口氣損失許多擁有作戰經驗的精銳戰機飛行員，被視為太平洋戰爭的轉捩點。

咻

碰

隆

註：關於中途島戰役的詳細內容，歡迎參閱本書系《航空母艦篇》。

在中途島戰役之後美國開始展開反攻，海戰的主力幾乎被航空母艦給取代，戰艦成了護衛航空母艦的次等戰力。

在聖克魯斯群島戰役中，美軍雖然失去了一艘航空母艦，但日軍卻失去了絕大多數經驗豐富的戰飛行員。

由於缺乏適當的訓練計畫，使得日軍失去在海戰中贏得勝利的最後希望。

但日本海軍當中，有些人仍相信他們擁有取得勝利的最後王牌－大和號。

為什麼日本人會認為「大和號」是最後的王牌？

因為大和號是人類所建造最大的戰艦，擁有460公厘的超大型主炮，他使用了許多新型科技，

但卻是日本人保護許久的祕密，日本平民直到第二次世界大戰結束都不知道這一艘戰艦的存在。

大和級戰艦總共造了2艘，第一艘是大和號，另一艘則是武藏號。

本來建造中的第三艘「信濃號」，後來被改造成航空母艦。

信濃號航空母艦

可惜的是，大和號誕生的年代已經不再是戰艦的時代……

也因為日本海軍希望在最後決戰中才使用到這兩艘船，使得她們並沒有特別傑出的表現。

隆

碰

直到戰爭後期，日軍才開始讓兩艘戰艦直接參與作戰，但這時已經沒有發揮的空間了。

大和號在1942年初就成為日本聯合艦隊的旗艦，但並未直接參與主要戰役。

也因為多次被魚雷機的魚雷攻擊，曾經多次被送回本國修護，大和號更因為戰力保存的關係幾乎都停泊在楚克島。

船上人員除了訓練跟保養船艦以外，根本沒什麼事情可以做，甚至被日本海軍內部人員戲稱為大和旅館。

到了1943年初，日本聯合艦隊旗艦由大和號轉移至武藏號。

菲律賓海

菲律賓群島

美國58特遣艦隊

日本小澤艦隊

關島

加羅林群島

一直到1944年5月，大和號被派遣到菲律賓海參加菲律賓海海戰，這場戰役堪稱人類史上最大的航空母艦對決的一場海戰。

再利用其他艦隊攻擊登陸部隊，這場海戰是人類史上最大，而且是最後一場航空母艦跟戰艦交戰的戰役。

咻

隆

再轟

咻

大和號在雷伊泰灣海戰中有什麼表現嗎？

大和號本身並沒什麼特別的表現，但大和號的姐妹艦武藏號，卻在這場戰役中遭美軍擊沉。

在雷伊泰灣海戰當中的錫布延海戰中，日本派出最強大的中心艦隊，由大和號、武藏號、長門號、金剛號跟榛名號等五艘戰艦組成。

註：『雷伊泰灣海戰』：這是發生在菲律賓萊特島附近的海戰，進行的時間從1944年10月20日持續至10月26日。6天內日軍與盟軍投入船艦總噸位超過200萬噸，其中盟軍艦隊多達133萬噸，日本海軍則達73萬噸。合計21艘航空母艦、21艘戰艦、170艘驅逐艦與近2,000架軍機參與了此次戰鬥。

後來大和號怎麼了呢？

以前我在另外課堂上介紹過神風特攻隊，你們記得嗎？

註：關於神風特攻隊的介紹，歡迎參閱本書系《航空母艦》以及《戰機風雲》兩書內容。

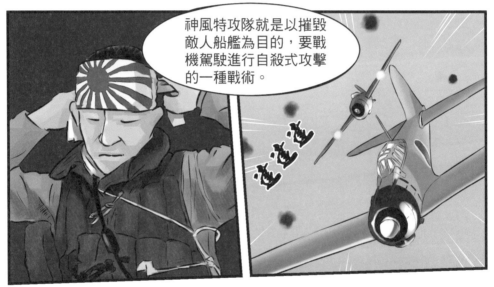

神風特攻隊就是以摧毀敵人船艦為目的，要戰機駕駛進行自殺式攻擊的一種戰術。

然而，大和號最後的命運，則是選擇一種戰艦式的自殺攻擊。

隆

美國在1945年4月時開始準備入侵沖繩，這時日本海軍決定將大和號派到沖繩進行最後一戰……

日軍將大和號派在沖繩外海擱淺，並使用船上的艦炮攻擊敵人，在船艦彈藥耗盡後，將人員撤到沖繩戰到最後一兵一卒。

但因為大和號並沒有任何空中掩護，美國海軍在九州外海就開始對大和號展開攻擊。

大和號承受了大量的攻擊，包括各種魚雷與炸彈的轟炸之後，發生大爆炸而長眠大海。

日本海軍的大和和武藏號，象徵人類戰艦技術的巔峰，雖然還是敵不過戰機的轟炸以及魚雷的攻擊……

但是在第二次世界大戰以後，其他國家的戰艦仍然在戰場上有不錯的表現，戰艦的大炮在某些情況下，還是擁有驚人的效果。

哪些國家的戰艦在二次大戰以後還有表現呢？

嗯，讓我跟大家說明一下！

密蘇里號目前停放在夏威夷珍珠港當作紀念博物館，其實她是美國海軍最後一艘退役的戰艦，大家知道她是什麼時候退役的嗎？

第二次世界大戰結束以後，戰艦就沒有什麼用處了吧？不就是當時就退役了嗎？

其實密蘇里號是美軍最後建造的戰艦，也是人類史上最後一艘服役的戰艦。

包括密蘇里號在內，總共有四艘同級艦，因為第一艘叫愛荷華號，因此這一型的戰艦被稱為愛荷華級戰艦。

愛荷華號戰艦

技術數據

排水量：45,000噸

全長：270.4公尺

全寬：32.92公尺

吃水：11公尺

速度：32.5節

武器裝備：

3座三連裝MK-7型406公厘50倍口徑主炮

因為他們是海上最大的軍艦嗎？

在航空母艦出現之前，戰艦的確是海上最大的軍艦，但這並不是們被留下的真正原因。

還是因為他們配置的大炮？

沒錯，戰艦的主炮是為了能從遠距離貫穿其他戰艦的厚重裝甲，所以都配備大口徑的火炮。

這些火炮比陸軍所使用的火炮還大上許多，攻擊敵人時可以產生極大的破壞力，同時還能造成敵人心中極大的恐懼感。

順帶一提，陸地最大的火炮是在二次世界大戰期間，德國陸軍所使用的列車炮。

德國在大戰期間所製造的列車炮，有古斯塔夫超重型鐵道炮、K5列車炮等。這些列車炮的口徑約有800到1000公厘，炮管也比一般大炮長，射程可達數十公里遠。

但比起戰艦上的大炮，列車炮使用的速度慢了許多，而且使用範圍也被鐵路運輸網限制，精準度也比不上戰艦上的大炮。

在第二次世界大戰時,愛荷華級戰艦參與過哪些戰役嗎?

愛荷華級的四艘主力艦分別是愛荷華號、紐澤西號、密蘇里號以及威斯康辛號,這四艘都參與了第二次世界大戰,

主要的任務都是在美軍發動登陸戰前,對陸岸目標進行炮擊,其中愛荷華號曾被派至歐洲戰場,

去應對德國海軍鐵必制號的威脅,之後又派遣到太平洋戰場參加其他戰役。

碰

隆

你們知道愛荷華級戰艦在第二次世界大戰以後還參與過哪些戰役嗎？

我……我……我知道！

只要有海戰，就有他們……

其實在第二次世界大戰之後，世界上就幾乎沒再發生大規模的海戰。

這四艘戰艦都有進行一系列的現代化改裝，除了他們的艦炮以外，還加裝了大量的現代化武裝……

其中也包括了攻船用的魚叉飛彈、對地攻擊用的戰斧巡弋飛彈，以及防衛用的方陣近迫防衛系統。

在第二次世界大戰結束以後，除了美國就沒有其他國家使用戰艦了嗎？

應該還有吧？

之前提到過法國海軍的黎胥留級戰艦，她是世界上僅存幾艘戰艦，

其中第二艘的讓巴爾號，則是世界上最後一艘完工的戰艦。

因為法國在第二次世界大戰的前期就已經投降，法國海軍持有的船艦，都被移轉到親納粹的維琪政府手中……

現代軍艦

戰艦的時代結束以後，海上就完全是航空母艦稱霸天下了嗎？

從某方面來講的確如此，但同時因為飛彈技術的突破，還有雷達系統的進展，海軍的其他像是巡洋艦和驅逐艦都逐漸擁有強大戰力。

巡洋艦跟驅逐艦究竟該怎麼區分呢？其他還有什麼軍艦嗎？

現代的水面戰鬥艦主要分成四種，分別是巡洋艦、驅逐艦、巡防艦以及護衛艦，他們之間的區分並沒有很明確的規範。

國際上大致是依照船隻的噸位區分，1000噸以下的是巡邏艦之類的小型船艦。

再者，1000～2000噸的是護衛艦，護衛艦的工作是保護沿海地區，武裝通常都是輕型的武器。

然後是2000～4000噸的巡防艦，他們的任務包括沿海地區跟遠洋艦隊的保護，在遠洋艦隊中，他們通常擔任最外圍的屏衛和警戒工作。

驅逐艦則是4000～8000噸，話說驅逐艦原本的英文全名是魚雷艇驅逐艦，雖然剛開始只是拿來對付魚雷艇的船艦，但隨著驅逐艦開始配備魚雷跟其他對付潛艇用的深水炸彈，以及大量的防空武器之後，驅逐艦隨即成為海軍的主要軍艦。

然而8000噸以上的軍艦會被稱為巡洋艦，是現在水面艦對當中最大的戰艦，但也因為驅逐艦的武器發展讓巡洋艦的價值逐漸降低，所以除了美、俄，其他的國家已經沒有被稱為巡洋艦的軍艦了。

接下來來介紹幾艘知名的巡洋艦⋯⋯

首先是目前被認定為世界上火力最強大的水面艦，俄羅斯海軍的基洛夫級巡洋艦。

哇！最強大⋯⋯

哇！

基洛夫級上頭有超過數百枚的各式飛彈，同時她是世界上唯一的一艘，

使用核子動力的巡洋艦，標準排水量達到23,750噸，比一些早期的戰艦還要大。

基洛夫級巡洋艦

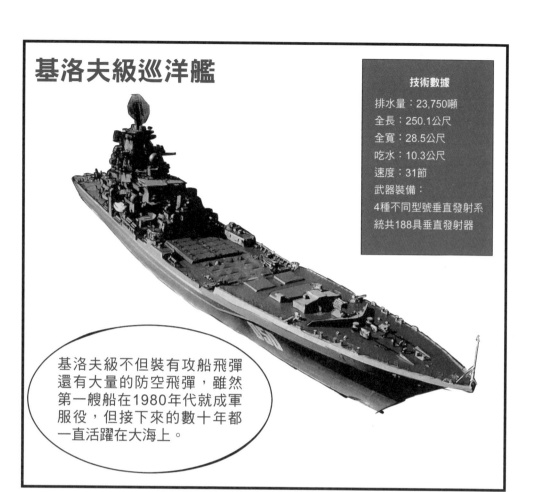

技術數據

排水量：23,750噸

全長：250.1公尺

全寬：28.5公尺

吃水：10.3公尺

速度：31節

武器裝備：

4種不同型號垂直發射系

統共188具垂直發射器

基洛夫級不但裝有攻船飛彈還有大量的防空飛彈，雖然第一艘船在1980年代就成軍服役，但接下來的數十年都一直活躍在大海上。

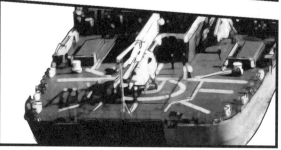

長堤號核子巡洋艦

美國海軍其實也有自己的核子動力巡洋艦，而且是跟基洛夫級相近的巡洋艦。

長堤號的噸位仍然輸了基洛夫級一大截，但長堤號在1961年就成軍服役，直到1995年才退役。

技術數據

排水量：15,540噸
全長：219.84公尺
全寬：21.79公尺
吃水：9.32公尺
速度：30節以上
武器裝備：
2座二聯裝RIM-2防空飛彈
發射器

長堤號有個非常顯眼的艦橋，擁有各種防空飛彈跟反潛武裝，

後來經過現代化改裝加裝了魚叉攻船飛彈，以及戰斧巡弋飛彈。

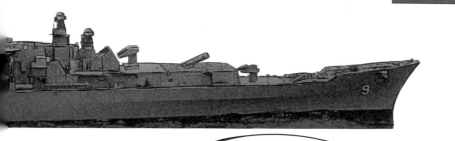

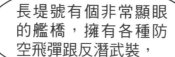

剛開始建造的目的，是為了配合其他使用核子動力的航空母艦，但美國海軍決定使用其他巡洋艦來保護航空母艦。

美國海軍在長堤號之後又建造了四艘核子動力巡洋艦，這四艘巡洋艦是美國海軍最後一級的核子動力巡洋艦。

但因為造價過度昂貴，使得美國海軍決定建造新型的巡洋艦。

這型的巡洋艦也配備了美國發明的神盾防禦系統，這套系統是美軍針對水面作戰所研發的系統，

使用這套系統的巡洋艦被稱為提康德羅加級巡洋艦。

那為什麼不多建造一些提康德羅加級巡洋艦呢？

嗯，對啊！

因為美國海軍後來建造一批擁有跟提康德羅加級相似戰力的驅逐艦，而這些驅逐艦就成為美國現代海軍的中堅戰力。

美國海軍在80年代末期開始建造伯克級神盾驅逐艦，雖然因為攜帶的防空飛彈量比較少而導致伯克級只有提康德羅加級75％的防空戰力……

但伯克級的驅逐艦仍然擁有強大的戰力，而且伯克級驅逐艦擁有非常龐大的數量。

直到今天為止，美國仍在
建造新的伯克級驅逐艦，
而且伯克級的排水量也已
超過了9000噸。

比起提康德羅加級巡洋
艦也已經相差不多，更
別說是比很多古早的巡
洋艦還要大。

咻

碰

還有其他國
家使用神盾
艦嗎？

有的，其中日本跟韓國所
使用的神盾艦的規格，是
與美軍最相近的。

日本海上自衛隊則是在神盾艦剛問世的時候，就決定建造自己的神盾艦，以用來保護日本的海上交通線。

面對俄羅斯海上及空中的飽和攻擊，日本海上自衛隊認為自己需要神盾艦才能保護自己。

但因為日本海上自衛隊決定將神盾艦當作艦隊的旗艦使用，所以擁有兩套不同的指揮系統。

一套是給神盾艦本身使用，另一套是給艦隊司令用的，使得重量增加了不少。

註：金剛級護衛艦即日本自行研發的神盾艦。

也讓金剛級護衛艦的重量逼近提康德羅加級巡洋艦。

韓國海軍是世界上第六個擁有神盾艦的國家，同時也靠著美國的技術支援而自行打造出來。

但韓國的神盾艦不只擁有世界上最多的防空飛彈……

同時還擁有16發反艦飛彈，可以說是目前火力最強大的神盾驅逐艦。

目前韓國擁有三艘世宗大王級神盾艦，而且還有三艘在計畫中。

俄國海軍在70年代開始建造一批新的飛彈驅逐艦，而這批軍艦直到今天為止都還有在服役當中。

俄國海軍的水面艦隊都以大量的火力聞名，其中現代級的防空飛彈，以及攻船飛彈數量都相當驚人。

他們擁有96發防空飛彈跟16發攻船飛彈，其中更包含美國所沒有的超音速攻船飛彈。

不同於美國所使用的魚叉飛彈，俄國的攻船飛彈追求的是攻擊速度。

而美國的魚叉飛彈則是靠著迴避敵人防禦的方法來攻擊敵艦。

嘩

目前俄羅斯海軍擁有7艘現代級飛彈驅逐艦，而中國海軍則有4艘。

達達達

中國在改革開放之後，海上戰力的發展也邁入飛快的階段，其中055型飛彈驅逐艦是中國目前最先進的飛彈驅逐艦。

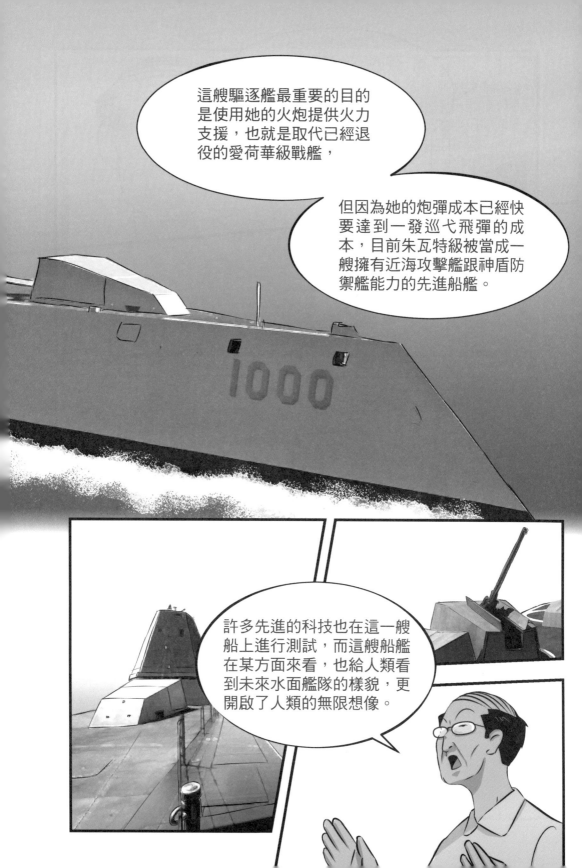

以維持台海安全和維持對外航運暢通為目的，並執行台海偵巡以及外島運補、護航等任務。

同時，需要適切支援各項重大災害與防災工作，戰時則投入反制敵人海上封鎖與水面攻擊，確保國家安全。

台灣海軍目前有四艘驅逐艦、22艘巡防艦、四艘潛艇、31艘飛彈快艇、13艘巡邏艦、九艘獵雷艦、九艘兩棲艦艇、10艘輔助艦……

疑？老師，台灣沒有航空母艦嗎？

嗯！沒有。全世界大約10個國家擁有航空母艦，雖然我們沒有航母，卻仍然擁有戰力不錯的戰艦喔！

接下來介紹一些巡防艦，她們的任務主要是在近岸海區與其他兵力合同，或至其他軍需地殲滅敵方輕型船艦。

也可以在遠洋為大型攻擊艦擔任警戒或是扮演護衛水面艦艇任務。

他們的噸位次於航行在大洋的驅逐艦，大約在2000～4000噸左右。

成功級巡防艦 (美國派里級)

成功級飛彈巡防艦具備優越靈活之機動力與精良準確之系統，結合現代化武器裝備，可滿足台灣防衛作戰「縱深淺、預警短、決戰快」的特性需求，為鞏固海疆第一道防線。

濟陽級巡防艦 (美國諾克斯級)

濟陽級飛彈巡防艦設計以遠洋反潛能力著稱，以反制潛艦設計為導向艦艇，配備武三系統、標準飛彈、五吋炮及近迫武器系統，可有效執行偵巡與防衛作戰任務。

康定級巡防艦 (法國拉法葉級)

康定級飛彈巡防艦原為法國拉法葉級巡防艦，最大特色為其匿蹤化的艦體設計，大部分甲板機具皆已隱藏到船艦內，外部面積表面也傾斜正負10度角，避免複雜造型或是菱角結構，可分散雷達波段進而達隱匿效果。

再來看看一些特別
的船艦。

磐石艦 (油彈補給艦)

本艦為海上機動整補艦，在航行期間能
同時為2側各1艘船艦進行油料與彈藥物
資補給；另於艦首甲板與船口各有一對
起重機，用來裝卸物資，同時右舷中段
增設一座車輛出入口，除一般油彈補給
任務外，亦具備運輸功能。

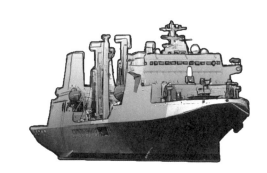

中和級戰車登陸艦 (美國新港級)

主要負責搭載、運送和下卸陸戰隊人員、
裝備、補給品及支援兩棲突襲任務，裝配
乙具可變螺距推進器及電動馬達，用以協
助船艦操縱，艦上武器配備40公厘炮及方
陣快炮，可搭載登陸人員320名，有效支
援本軍兩棲作戰。

沱江級巡邏艇

為我國龍德造船場建造，具備機動
性高、打擊力強、匿蹤性佳及攻
船飛彈射程遠等特性之高效能作戰
艦，有效強化制海戰力，提升整體
台海防衛作戰之效益。

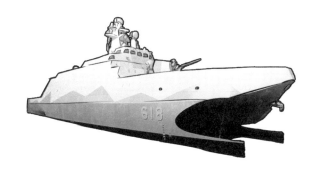

光六飛彈快艇

最大特徵為類似康定級的匿蹤外型，主甲板以上傾12度、主甲板以下則外傾12度，且船體有抗雷達波特殊匿蹤塗料，可在正對或以左右各45度角面對雷達偵測時，僅出現大小約為小型漁船的迴跡。

其實還有很多軍事相關的內容，像是飛彈、潛艦和戰車等武器，之後會陸續跟同學們介紹。

好了。今天就說到這裡。

歡迎有興趣的同學，隨時找老師討論。下課！

對下次上課充滿期待的兩個同學……

漫畫版軍事科普小百科

超級戰艦

作者：趙柏竣 / 繪者：林傳捷

發 行 人：楊玉清

副總編輯：黃正勇

審稿顧問：呂禮詩

執行編輯：腓特列、許文芊

企劃製作：小文房編輯室

設計排版：辰皓國際出版製作
　　　　　有限公司

出 版 者：文房(香港)出版公司

Email: appletree@wtt-mail.com

定　　價：港幣75元

出版日期：2019 年 1 月 第一版

I S B N：978-988-8483-51-8

總 代 理：蘋果樹圖書公司

地　　址：香港九龍油塘草園街4號
　　　　　華順工業大廈5樓D室

電　　話：（852）31050250

傳　　真：（852）31050253

電　　郵：appletree@wtt-mail.com

發　　行：香港聯合書刊物流有限公司

地　　址：香港新界大埔汀麗路36號
　　　　　中華商務印刷大廈3樓

電　　話：（852）21502100

傳　　真：（852）24073062

電　　郵：info@suplogistics.com.hk

小文房粉絲專頁

https://www.facebook.com/wfcekisdbooks/

出版資訊：www.winfortune.com.tw

文房香港